Viralkumar Patel
Amit Gupta
Vijay Parthasarthy

Caracterização Reológica de Soluções Lyocell

Viralkumar Patel
Amit Gupta
Vijay Parthasarthy

Caracterização Reológica de Soluções Lyocell

ScienciaScripts

Cover image: www.ingimage.com

This book is a translation from the original published under ISBN 978-3-330-32988-1.

Publisher:
Sciencia Scripts
is a trademark of
Dodo Books Indian Ocean Ltd. and OmniScriptum S.R.L publishing group

120 High Road, East Finchley, London, N2 9ED, United Kingdom
Str. Armeneasca 28/1, office 1, Chisinau MD-2012, Republic of Moldova, Europe
Printed at: see last page
ISBN: 978-620-7-85613-8

CARACTERIZAÇÃO REOLÓGICA DE SOLUÇÕES EM LIOCEL

de

VIRALKUMAR J. PATEL

DEPARTAMENTO DE ENGENHARIA QUÍMICA

ESCOLA DE ENGENHARIA

UNIVERSIDADE DE CIÊNCIAS DO PETRÓLEO E DA ENERGIA DEHRADUN

ABRIL-2017

DEDICAÇÃO

Este trabalho é dedicado aos meus pais, J.N. Patel e C.J. Patel, à minha irmã Shruti, à minha mulher, Dra. Mehal, e ao resto da minha família, que sempre me encorajaram e apoiaram na realização dos meus objectivos.

RESUMO

O principal objetivo do estudo foi a produção de soluções de liocel a partir de diferentes pastas de madeira. Foi desenvolvido um protocolo individual específico para a produção de soluções de liocel a partir de diferentes fontes de pasta. As fontes de pasta incluíam pastas branqueadas de madeira dura e pastas branqueadas de madeira macia.

As medições reológicas foram utilizadas para caraterizar o comportamento de soluções de liocel, ou seja, celulose dissolvida em mono-hidrato de *N-metilmorfolina-N-óxido* (NMMO). Foram medidas viscosidades complexas e estudou-se a influência de parâmetros como a fonte de celulose, a concentração, a DP (função peso molecular) e a temperatura. A predominância do comportamento viscoso (valores G') sobre o comportamento elástico (valores G") é influenciada pelo tipo de celulose, concentração, peso molecular e grau de polimerização (DP). Em concentrações e graus de polimerização mais baixos, as soluções de pasta em dissolução apresentam um comportamento viscoso e inelástico a baixas frequências. Em concentrações e DPs mais elevados, as soluções de pasta são mais elásticas a frequências mais elevadas.

AGRADECIMENTOS

Gostaria de agradecer a todos aqueles que me ajudaram a obter o Mestrado em Engenharia Química com especialização em projeto de processos.

Estou muito grato ao Dr. Amit Gupta, ao Dr. Vijay Parthasarthy, ao Dr. Parag Patil e ao Dr. Niteen Deshmukh pelos seus valiosos conselhos e sugestões. Anwar Sayyed, Asmita Jadhav e Rahul Jagtap prestaram uma assistência técnica inestimável.

Gostaria de agradecer particularmente ao Dr. S.K. Gupta, ao Dr. P.K. Das e ao Grupo Aditya Birla, que me deram a oportunidade de trabalhar no Centro de Inovação de Pasta e Fibra, um dos melhores centros de investigação da Índia.

Capítulo 1

INTRODUÇÃO E JUSTIFICAÇÃO

1.1 INTRODUÇÃO

O principal objetivo deste projeto foi desenvolver soluções de liocel (dope) a partir de diferentes celuloses e depois caracterizá-las reologicamente. A celulose, a matéria-prima mais comum, é um polímero de cadeia semi-rígida com uma alta temperatura de transição vítrea (T_g) na faixa de 100 °C a 180°C (Ludwik et al 2008). A elevada polaridade do monómero é devida à presença de grupos hidroxilo no monómero, que conduzem a ligações de hidrogénio intra e intermoleculares. Devido às fortes ligações intermoleculares, a celulose não se dissolve facilmente nos solventes habituais; os químicos recorreram à derivatização da celulose para a tornar solúvel e processável. De todos os solventes, o *N-metilmorfolina-N-óxido* (NMMO) revelou-se o mais versátil e comercialmente bem sucedido. Franks e Varga (1979) apresentaram pela primeira vez um relatório importante que mostrava a dissolução da celulose em NMMO. Neste capítulo são também abordados outros solventes ou sistemas de solventes eficazes.

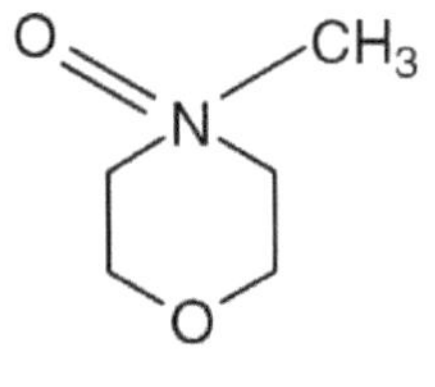

O
CH3
N
O

Figura 1.1 Estrutura química do *N-óxido de N-metilmorfolina* (NMMO).

As soluções de liocel conduzem a diferentes fases que dependem principalmente do índice de hidratação (*n*) do hidrato de NMMO, juntamente com a concentração de celulose e a temperatura (Dong et al. 2002). Recentemente, Kim et al (2002) relataram um diagrama de fases modificado de soluções de liocel, concentrando-se na concentração crítica para a formação de mesofase, que é muito menor do que o valor relatado anteriormente. Paralelamente, Chanzy et al (2002) também apresentaram um relatório sobre as propriedades físicas das soluções de celulose mesomórfica em hidratos de NMMO. Não só o efeito entálpico, mas também o efeito entrópico devem contribuir para a quebra das ligações de hidrogénio para se obter a redenção (Collier J. 2000).

Compreender as propriedades reológicas uniformes (ou de cisalhamento) das soluções Lyocell é essencial para determinar as condições óptimas para a fiação Lyocell. É importante analisar tanto a reologia oscilatória como a reologia de cisalhamento de expansão, uma vez que os dados da reologia de expansão teriam uma fraca reprodutibilidade devido aos longos espectros de relaxamento. Por outras palavras, a acumulação de tensões residuais durante as medições reológicas dinâmicas pode conduzir a dados pouco credíveis. A reologia de cisalhamento também contribui para a compreensão do processamento de soluções em que o comportamento de expansão influencia as propriedades das fibras, como a orientação e a fibrilhação.

As fibras podem ser produzidas aquecendo soluções de Lyocell entre 90°C e 100 °C e centrifugando-as através de uma fieira num banho de água (que pode ser outra solução ou sistema) a uma temperatura inferior a 90°C. A solução de Lyocell pode ser centrifugada num banho de água a uma temperatura inferior a 90°C. O solvente pode ser recuperado do banho de centrifugação aquoso por sorção numa resina de permuta catiónica, filtração e remoção da água para concentração. As fibras produzidas tendem a fibrilar, mas este facto pode ser ultrapassado por tratamento(s) subsequente(s) e/ou condições de fiação alternativas (Collier J. 2000).

As fibras Lyocell, um novo tipo de lã de celulose fabricada a partir de um NMMO não tóxico e amigo do ambiente, foram introduzidas no mercado nos últimos anos. A composição típica das soluções Lyocell é celulose, 10-13% (em peso) e 11-12% (em peso) de água para uso comercial. As fibras Lyocell são biodegradáveis e têm uma excelente resistência ao vinco e à abrasão (melhor do que os tecidos viscosos de lã de celulose), razão pela qual são utilizadas em materiais compósitos, filtros e separadores de baterias. Podem ser misturadas com outras fibras naturais ou artificiais e tingidas ou estampadas de acordo com as necessidades do mercado (podem, evidentemente, ser utilizadas isoladamente).

1.2 EXPOSIÇÃO DE MOTIVOS

É muito importante estudar vários parâmetros relacionados com o processo de dopagem. As propriedades reológicas também podem ser influenciadas pelas propriedades do polímero (ou seja, grau de polimerização, distribuição do peso molecular, teor de celulose), pelo comportamento físico-químico do solvente, pela concentração da substância e pelo estado de dissolução. Todas as propriedades da celulose e dos dopes de celulose devem ser adaptadas ao processo de moldagem, ao produto moldado e à aplicação prevista.

As propriedades da solução de liocel são critérios importantes para definir o método de fiação a ar mais seguro e para definir as propriedades desejadas da fibra (ou seja, finura, resistência e alongamento).

1.3 OBJECTIVOS DA INVESTIGAÇÃO

Os objectivos específicos eram os seguintes

i. Preparação de soluções de liocel para estudar a influência do tipo de pasta, da concentração de celulose e do peso molecular no comportamento reológico, nomeadamente nas viscosidades complexas.
ii. Estudo do comportamento reológico das soluções de liocel produzidas (ou seja, sobreposição tempo-temperatura, curvas de fluxo e de viscosidade e ensaios não estáveis (ensaios de fluência, de relaxamento da tensão e de crescimento da tensão)).

Capítulo 2

REVISÃO DA LITERATURA

2.1 CELULOSE

2.1.1 Estrutura química

A celulose, frequentemente encontrada nas paredes das plantas e noutros sistemas vivos, é um polímero termoplástico abundante na Terra. Anselme Payen descobriu a estrutura química da celulose em 1939 (o trabalho está em curso). A celulose (Figura 2.1) é uma estrutura polimérica composta por monómeros cíclicos, a polihidroglucopiranose ligada em 1, 4-^-D (Nevell 1985a). Os monómeros estão dispostos numa cadeia com uma rotação de 180° em relação uns aos outros. O grau de polimerização *(n)* varia de 1000 a mais de 15.000 unidades de glucose (Nevell 1985a).

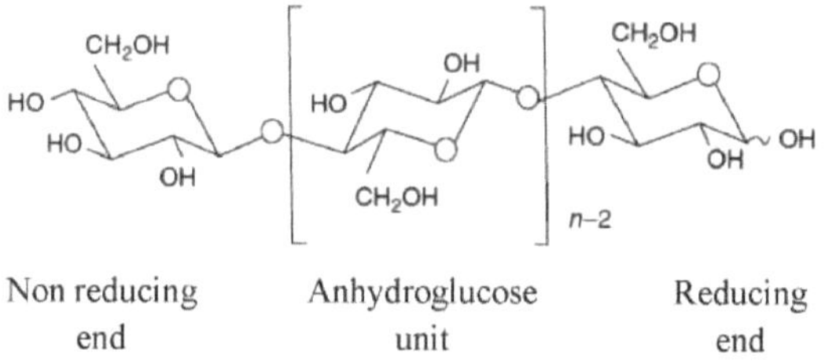

Non reducing end | Anhydroglucose unit | Reducing end

Por vezes apresentado como

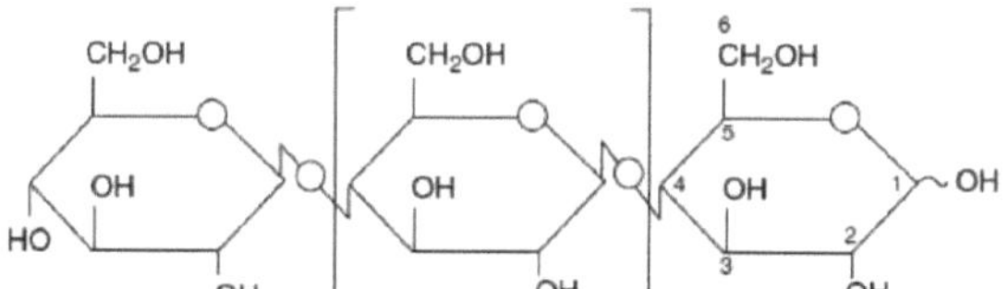

Figura 2.1 Estrutura química da celulose (Disponível em: http://wwwflbersource.com/f-tutor/cellulose.html (acedido em: 23 de novembro de 2016)).

2.1.2 Estrutura cristalina

Uma das principais características da celulose é o facto de o seu monómero conter três grupos hidroxilo. As estruturas cristalinas e outras propriedades físicas importantes dos materiais celulósicos devem-se à presença e ligação dos grupos hidroxilo.

Existem pelo menos quatro estruturas cristalinas de celulose: Celulose I, II, III e IV (Nevell 1985a, Hermans 1949). Na celulose I, as cadeias de celulose estão empilhadas paralelamente, enquanto na celulose II estão empilhadas antiparalelamente (Hermans 1949, Bayer et al 1998). O tratamento químico da celulose I ou da celulose II com amoníaco líquido, aminas ou diaminas produz celulose III, enquanto a celulose IV pode ser obtida por tratamento térmico da celulose I, II e III em líquidos polares (Roche 1981, Wada et al 2001, Buleon et al 1980, Happey 1979). As celuloses III e IV são raramente encontradas na natureza. A celulose II é mais estável do que a celulose I devido à importância das ligações de hidrogénio. A celulose I é uma celulose natural e pode ser irreversivelmente transformada em celulose II após tratamento com uma soda cáustica forte e regenerada da solução (Frank et al. 2005).

2.1.3 Reacções químicas entre a celulose e o NMMO

A mistura ternária de celulose, NMMO e água representa a massa plástica para o processo Lyocell (fiação a seco e fiação húmida). O diagrama de fases do sistema celulose-NMMO-água é apresentado na Figura 2.2. A produção e a deformação plástica das soluções Lyocell são influenciadas pela temperatura, energia mecânica, taxa de condensação e pressão (Frank et al. 2005). Embora a dissolução da celulose em NMMO seja um processo puramente físico, a cinética química ocorre em condições industriais, envolvendo reacções de descoloração e degradação da celulose e do NMMO. Estas reacções podem levar a uma redução da recuperação de NMMO e do desempenho do produto. O processo de dissolução entre a celulose e o NMMO dentro de uma determinada gama de temperaturas dá origem a polímeros coloridos, enquanto esta reação exotérmica conduz a reacções de rutura quando determinados parâmetros do processo são excedidos e podem terminar em deflagrações (Frank et al. 2005).

A química do processo Lyocell depende principalmente da quantidade de metais pesados (identificação da instabilidade térmica do NMMO) e dos grupos terminais reactivos da celulose. Devido à acumulação de energia da ligação N-O, uma série de reacções conduz a produtos de degradação, principalmente N-metilmorfolina, morfolina, dióxido de carbono e formaldeído (Taeger et al 1991, Rosenau et al 2001). A figura 2.3 ilustra os possíveis efeitos negativos das reacções secundárias. Além disso, foram encontrados intermediários altamente reactivos e instáveis, como os catiões de carbonínio (Potthast et al 2000, Rosenau et al 2003) e os radicais aminiumil (Rosenau et al 2002), que causam a degradação autocatalítica do NMMO (como mostra a figura 2.4).

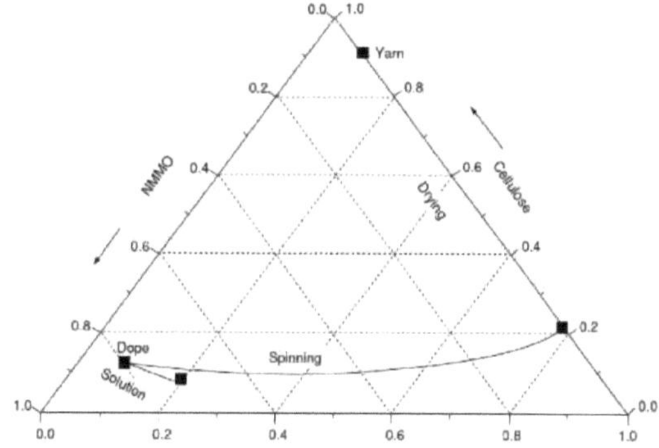

Figura 2.2 Diagrama de fases do sistema ternário NMMO-água-celulose (Rosemau et al 2001).

A estabilização do sistema celulose/NMMO é indispensável para controlar as reacções esporádicas e incontroláveis. O termo autocatálise é um termo especial para a catálise homogénea, em que um catalisador é formado como produto de reação durante reacções consecutivas, acelerando-as assim ainda mais (Kerbre et al 1972, Wedler 1997). A distribuição homogénea da celulose (dissolvida e não dissolvida) permite descrever uma dissolução que pode ser considerada uma autocatálise quase homogénea. A tabela 2.1 contém os parâmetros para os cálculos de modelação cinética.

Figura 2.3 Reacções secundárias e formação de subprodutos no sistema Lyocell (Rosemau et al.

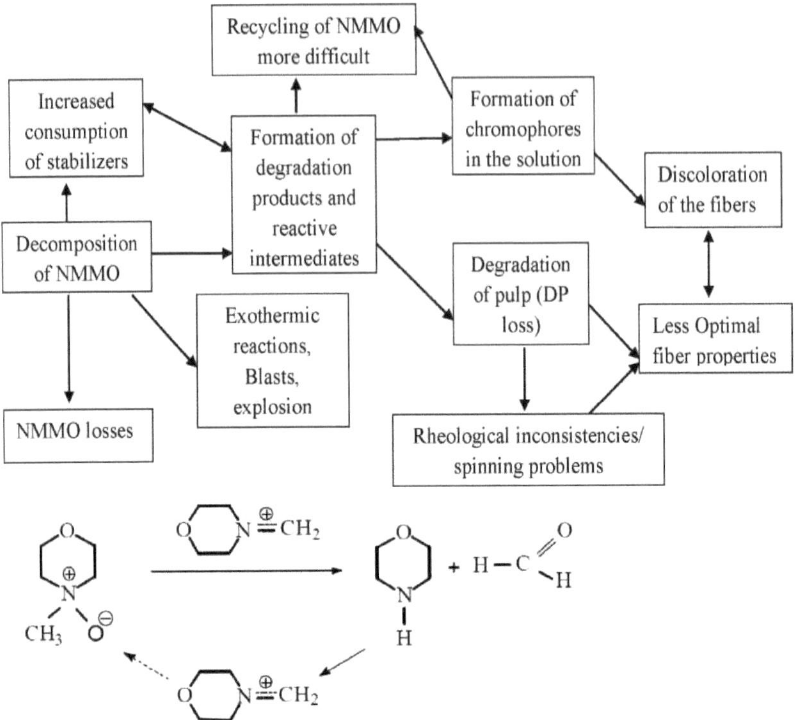

Figura 2.4 Degradação autocatalítica de NMMO, relatada por Rosenau et al. (2001).

	Autocatalysis	Thermal Degradation
Reaction equation	Start $A \xrightarrow{k_0} B$ $A + B \xrightarrow{k_1} 2B + P$	$A \xrightarrow{k_2} C$
Reagents	A: NMMO B: Catalyst P: Chromophoric degradation product	A: NMMO C: Chromophoric degradation product
Concentration	a_0, b_0	a_0, c_0

Rate Constant	k_1	k_2
Accounting equation	$x_1 = a_0 - a = b - b_0 = p$	$x_2 = a_0 - a = c - c_0$ $= q$
Equation of the superimposition	$z = p + q$	
Rate law	$\frac{dx_1}{dt} = k_1\,(a_0 - x_1) * (b_0 + x_1$	$\frac{dx_2}{dt} = k_2\,(c_0 - x_2)$
Integration of rate law	$k_1 t = \frac{1}{a_0+b_0} \ln \frac{a_0\,(b_0+x_1)}{b_0\,(a_0-x_1)}$	$k_2 t = \ln \frac{c_0}{c_0 - x_2}$
Turning point	$\frac{d^2 x_1}{dt^2} = 0, t_{tp} = \frac{1}{a_0+b_0} \ln \frac{a_0}{b_0}$	

Tabela 2.1 Modelos cinéticos para soluções Lyocell (Frank et al. 2005).

2.2 LIOCÉLULA

Os investigadores estavam à procura de um novo processo ecológico para produzir uma fibra que fosse natural, não tóxica para o ambiente e para as pessoas, biodegradável, confortável, drapeável, sem rugas, macia, resistente ao encolhimento e muito mais. Nas últimas décadas, a fibra de liocel foi a primeira fibra celulósica de nova geração e foi comercializada em 1992 sob a marca Tencel.

2.2.1 Solventes de celulose

A dissolução da celulose pode ser dividida em quatro grupos principais, como mostra a Tabela 2.2. A recuperação do solvente é, portanto, um fator importante; a dissolução não é o objetivo final. Para além da solubilidade do polímero, a solução resultante deve ter certas propriedades desejáveis, como a estabilidade térmica e química, propriedades viscoelásticas adequadas, respeito pelo ambiente e trabalhabilidade geral, incluindo a facilidade de recuperação.

O NMMO é utilizado mais frequentemente nos processos comerciais de liocel e pertence ao grupo dos óxidos de aminas alifáticas terciárias cíclicas cuja estrutura química é apresentada na Figura 1. ^{3}O NMMO puro tem um aspeto cristalino, um ponto de fusão de 184°C e uma densidade de 1,25 g/cm . É termicamente estável e totalmente miscível com água e está normalmente presente como hidratos estáveis, mono-hidratos (13,3% wt H_2O) e disqui-hidratos (28% wt H_2O). Uma composição típica de uma solução aquosa de NMMO é a seguinte

Taxa NMMO50 .0

Teor de NMM1 % em peso

H_2O_2 100 ppm

Tabela 2.2 Solventes para celulose (Laszkiewicz 1997).

A celulose como	Solventes
Base	Ácido fosfórico, ácido sulfúrico, ácido nítrico Cloreto de zinco, tiocianato, iodetos, brometos
Ácido	Aminas orgânicas, óxidos de aminas, CH_3NH_2
Complexo	Complexos inorgânicos de cádmio, cobre e ferro Complexos orgânicos: CH_3NH_2/DMSO
Derivados da celulose	Compostos estáveis: ésteres, éteres Derivados instáveis de Enxofre: xantatos, SO_2/aminas - sulfitos Azoto: N_2O_4/DMF Carbono: DMSO/ $(CH_2O)x$

2.2.2 Processo Lyocell

Graenacher e Sallmann utilizaram pela primeira vez o óxido de amina terciária para dissolver a celulose (Laszkiewicz 1997); Johnson, da Kodak, distinguiu-se, contudo, pela utilização de NMMO para dissolver a celulose. Podem ser preparadas soluções de liocel, ou seja, celulose em NMMO até 23%, através da reação da celulose com NMMO aquoso (seguida da remoção da água), tal como referido por McCorsley e Varga (Laszkiewicz 1997). Franks e Varga demonstraram a coagulação da celulose com excesso de água. A comercialização da produção de fibras de celulose baseou-se nesta investigação fundamental (Wedler 1997, Laszkiewicz 1997).

A produção de fibras Lyocell é um processo moderno, altamente eficiente e amigo do ambiente, que envolve as seguintes fases;

i. Preparação de uma solução homogénea (dope) de pasta de papel (celulose) em hidratos de NMMO (solvente)
ii. Extrusão de um material têxtil altamente viscoso a alta temperatura através de um espaço de ar num banho de coagulação (processo de fiação a jato seco e húmido).
iii. Coagulação de fibras de liocel
iv. Lavagem, secagem e pós-tratamento de fibras Lyocell
v. Recuperação de NMMO de banhos de coagulação

No processo comercial Lyocell, a pasta é dissolvida em óxido de amina aquoso e o excesso de água é removido para obter uma solução homogénea com um mínimo de partículas não dissolvidas (o tamanho das partículas é, obviamente, igualmente importante) e bolhas de ar. Como mostra a Figura 2.5, o processo Lyocell é um circuito fechado no qual o solvente NMMO é reciclado. A solução é pulverizada através de um espaço de ar para um banho de água/óxido de amónio (podem ser adicionados aditivos) para produzir fibras que são depois lavadas e secas. O NMMO presente na solução de lavagem e no banho de coagulação pode ser recuperado, purificado, concentrado e reciclado (Woodings 2001).

O processo Lyocell é semelhante ao processo de fiação a jato seco e húmido, mas essencialmente não há troca de material no espaço de ar e não há reação química no banho de coagulação (Liu et al. 2001). As fibras Lyocell não têm uma estrutura aparente de núcleo de pele (Woodings 2001). O processo Lyocell é eficiente em termos de energia e água.

As soluções industriais de liocel (cordas de liocel) contêm inicialmente cerca de 50-60% de NMMO, 20-30% de água, 10-15% de celulose e um estabilizador. O excesso de água é evaporado e recolhido como condensado sob pressão reduzida a uma determinada temperatura ou a uma temperatura fixa, até que a celulose se dissolva e se obtenha uma solução de liocel para fiação. A composição típica da pasta para fiação é de 13-14% de celulose, 11-13% de água e 76% de NMMO. A temperatura de fiação (tipicamente 100°C a 120°C) pode ser ajustada de acordo com as propriedades da solução de fiação.

O ciclo de produção é relativamente curto, não durando mais de 8 horas. Em contrapartida, as fibras de viscose tradicionais são demoradas, durando mais de 40 horas, e exigem o manuseamento de subprodutos gasosos tóxicos, H_2S e CS_2. As fibras Lyocell são fiadas a uma velocidade superior à das fibras de rayon. As fibras Lyocell têm excelentes propriedades, mas são mais propensas à fibrilhação.

Figura 2.5 Representação esquemática do processo Lyocell (Laszkiewicz 1997).

2.3 REOLOGIA

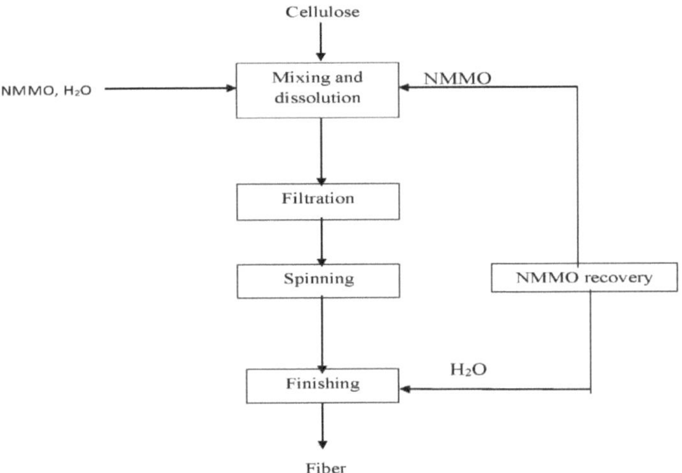

A reologia desempenha um papel importante no processamento de polímeros, processamento de alimentos, revestimento e impressão, uma vez que é a ciência da deformação e fluxo de materiais. Atualmente, os polímeros estão entre os materiais mais importantes disponíveis, uma vez que as suas propriedades podem ser adaptadas a uma vasta gama de aplicações. Alguns polímeros são duros e quebradiços ou fortes e resistentes ao impacto, enquanto outros são macios e flexíveis. A produção e a caraterização dos polímeros estão, portanto, no centro das actividades de muitas empresas industriais e institutos de investigação.

Os polímeros são substâncias orgânicas ou semi-orgânicas com um elevado peso molecular. O comprimento das cadeias moleculares e o emaranhamento entre elas são parâmetros decisivos que influenciam as propriedades do material. Muitas propriedades relevantes podem ser caracterizadas por testes reológicos. Os polímeros têm estruturas químicas e morfológicas complexas e uma vasta gama de variações na sua composição. Consequentemente, apresentam um comportamento complexo que deve ser tido em conta quando se utilizam ou fabricam estes materiais, por exemplo, viscoelasticidade, comportamento de fluxo não newtoniano, anisotropia (dependente da orientação e modificação), comportamento complexo de envelhecimento e muito mais. A descrição das propriedades dos polímeros requer métodos versáteis para obter as informações necessárias.

São muitos os processos utilizados para transformar e produzir polímeros. A maioria são processos de moldagem e conversão (moldagem por compressão, calandragem, extrusão de película, moldagem por sopro, moldagem por injeção, etc.).

A caraterização e a importância das propriedades reológicas são essenciais para compreender, prever e controlar a produção de liocel e as propriedades finais das fibras de liocel.

2.3.1 Reologia de soluções e de produtos fundidos

A reologia diz respeito a dois tipos principais de fluxo, fluxo de cisalhamento e fluxo de expansão, no processamento de polímeros. É necessário um conhecimento orientado para a aplicação da reologia de cisalhamento e de expansão no processamento de polímeros, uma vez que nenhum dos métodos, por si só, pode descrever completamente as propriedades de fluxo.

2.3.1.1 Corrente de cisalhamento

A viscosidade é independente da taxa de cisalhamento e da tensão para um fluido newtoniano, que é correlacionado pela equação (Barnes et al. 1989).

Onde т é a tensão de cisalhamento, ц é a viscosidade do líquido e y é a taxa de cisalhamento. Para fluidos não-newtonianos, a viscosidade varia com a variação da taxa de cisalhamento. É importante compreender o comportamento viscoso dos fluidos não-Newtonianos através de uma lei de potência empírica (Barnes et al. 1989).

Onde κ e n são constantes e n é o índice da lei de potência. Se $n = 1$, a expressão reduz-se à lei de Newton para fluidos newtonianos. Para fluidos que se afinam por cisalhamento, o valor de n é menor que um e para fluidos que se espessam por cisalhamento, n é maior que um (Barnes et al. 1989, Norrosian 2001).

A deformação elástica, que regressa a zero quando a força é removida em função do tempo, e a deformação residual, a parte viscosa, que não regressa a zero quando a força é removida, são duas propriedades diferentes para os materiais viscoelásticos.

Se o perfil da força aplicada for sinusoidal, a energia de dissipação viscosa é sempre positiva e perde-se sob a forma de calor, enquanto a energia elástica pode ser positiva ou negativa e é recuperada (Norrosian 2001). A tensão de cisalhamento é uma soma vetorial da tensão elástica e da tensão viscosa, o que significa que o módulo de cisalhamento complexo *G* * é definido da seguinte forma (Barnes et al. 1989):

$$G^* = G + iG'' \qquad (2.ы3)$$

sendo *G o módulo de* armazenamento em fase e G" o módulo de perda fora de fase, com

$$\tan(\delta) = \frac{G''}{G'} \qquad (2.4)$$

$$\eta = k\,\dot{\gamma}^{n-1} \qquad (2.2)$$

[1]A frequência com que estas curvas de parâmetros se cruzam *(G =* G") corresponde ao inverso do tempo médio de relaxação do material quando são efectuadas medições dinâmicas no domínio viscoelástico linear. Um valor de tan(5) superior a um descreve as propriedades viscosas do material, enquanto um valor inferior a um implica propriedades elásticas do material (Barnes et al 1989).

$_{xyz}$Onde ë é uma taxa de deformação constante, v , *v* e *v* são as componentes da velocidade nas direcções *x,* y e z, respetivamente. A distribuição de tensões correspondente é (Barnes et al 1989)

G' e *G''* podem ser calculados medindo os componentes em fase e anti-fase da resposta de alongamento a uma tensão aplicada, ou vice-versa, a diferentes frequências. O módulo é uma função da escala de frequência da experiência. A viscosidade complexa medida (n *) é definida do seguinte modo

$$|\eta *| = \left(\eta'^2 + \eta''^2\right)^{\left(\frac{1}{2}\right)} \tag{2.5}$$

$$= \frac{|G^*|}{\omega}$$

$$\eta' = \frac{G''}{\omega} \qquad \left|G^* = \sqrt{G''^2 + G'^2}\right|$$

$$\eta'' = \frac{G'}{\omega} \qquad \omega = 2\pi f$$

Em que ɥ' é a viscosidade dinâmica, ɥ" é a parte elástica da viscosidade complexa, *w* é a velocidade angular e *f* é a frequência de vibração.

2.3.1.2 Fluxos de expansão

O fluxo de expansão é a forma predominante de fluxo de fluido em que o processo envolve uma rápida mudança de forma, o estiramento. Os fluxos de expansão são observados em muitas operações de processamento de polímeros, como a extrusão através de perfis convergentes, a moldagem por injeção, o estiramento de películas e a fiação de fibras.

O campo de velocidades para um escoamento alongado unidirecional em coordenadas cartesianas é dado por (Barnes et al 1989)

$$\sigma_{xy} = \sigma_{yz} = \sigma_{zx} = 0 \qquad T_R = \frac{\eta_e(\dot{\varepsilon})}{\eta(\dot{\gamma})} \tag{2.8}$$

eEm que ɥ é a viscosidade de alongamento.

O rácio de Trouton (*TR) é* definido como o rácio entre a viscosidade de alongamento e a viscosidade de corte (Barnes et al. 1989):

eA viscosidade extensional de um fluido newtoniano é normalmente três vezes maior do que a viscosidade de cisalhamento: ɥ - 3ɥ (Barnes et al 1989, Morrosian 2001).

2.3.2 Medida

2.3.2.1 *Medição da viscosidade de cisalhamento*

A maioria dos métodos de caraterização reológica centra-se na deformação de cisalhamento, uma vez que é mais fácil de medir. São geralmente efectuados numa de quatro geometrias de cisalhamento: fluxo de placas paralelas, fluxo de placas cónicas, fluxo capilar e fluxo de Couette. A propriedade medida é a magnitude da força, queda de pressão ou binário, que está diretamente relacionada com a tensão de cisalhamento (Barnes et al. 1989).

A reometria capilar é utilizada para polímeros para determinar a viscosidade a elevadas taxas de cisalhamento. O fluxo através de um capilar é unidirecional e a viscosidade medida é deduzida das propriedades do líquido perto da parede, assumindo a dedução que o líquido na parede é representativo das propriedades do líquido em geral (Barnes et al. 1989). Os reómetros de placa paralela e de cone são preferíveis para pequenas quantidades de material que seriam afectadas pelas fortes contracções à entrada do reómetro capilar. Na geometria de cone e placa, o fluxo homogéneo pode ser gerado em pequenos ângulos, uma vez que a dependência radial da taxa de cisalhamento e do alongamento de cisalhamento é um problema na reometria de placa paralela (Barnes et al. 1989), enquanto que uma carga altamente viscosa é um problema na reometria de placa de cone. Existem dois métodos para determinar o comportamento viscoelástico dos polímeros, o método estático e o método dinâmico (Barnes et al. 1989, Morrosian 2001). A geometria dos discos paralelos é mostrada na Figura 2.6.

Figura 2.6 Representação esquemática de um reómetro de placas paralelas (Barnes et al. 1989).

Se assumirmos

i. Fluxo contínuo, laminar e isotérmico
ii. $_{erz}$apenas v (r, z), $v = v = 0$
iii. Forças físicas insignificantes
iv. Aresta cilíndrica

A equação do movimento reduz-se então a

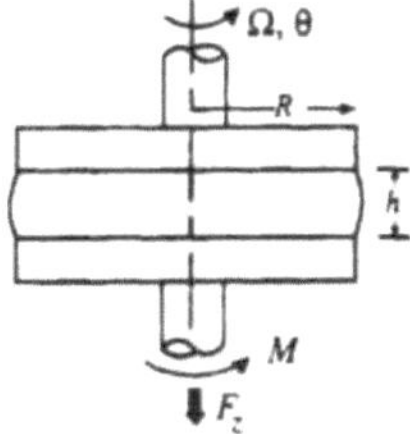

$$\theta: \frac{\partial \tau_{\theta z}}{\partial z} = 0 \qquad (2.9)$$

$$z: \frac{\partial \tau_{zz}}{\partial z} = 0 \qquad (2.10)$$

$$r: \frac{1}{r}\frac{\partial (r\tau_{rr})}{\partial z} - \frac{\tau_{\theta\theta}}{r} = -\rho\frac{v_\theta{}^2}{r} \qquad (2.11)$$

O quadro 2.3 contém as equações de trabalho para esta geometria.

Tabela 2.3 Equações de trabalho para discos rígidos paralelos.
Tensão normal
Inércia e fluxo secundário

Falha na borda (como no cone e na placa)

Aquecimento por cisalhamento

Campo de dilatação não homogéneo (pode ser corrigido)

Alongamento por cisalhamento
Taxa de cisalhamento para $r = R$

$$\eta(\tau) = \eta_a(\tau_a) \pm 2\%$$

for $\tau = 0.76\,\tau_a$ and $\frac{d \ln M}{d \ln \dot{\gamma}_R} < 1.4$

$$N_1 - N_2 = \frac{F_z}{\pi R^2}\left[2 + \frac{d \ln F_z}{d \ln \dot{\gamma}_R}\right]$$

$$(F_z)_{inert} = 0.075\pi\rho\Omega^2 R^4$$

$$\dot{\gamma}_R = \frac{R\Omega}{h}$$

$$\tau_{12} = \tau_{\theta z} = \frac{M}{2\pi R^3}\left[3 + \frac{d\ \ln M}{d\ \ln \dot{\gamma}_R}\right]$$

$\tau_a = \frac{2M}{\pi R^3}$ apparent or Newtonian shear stress

$\gamma = \frac{\theta r}{h}$ (non homogeneous, depends on position)

Tensão de cisalhamento representativa

Quadro 2.3 (continuação)

Utilidade
A preparação e o carregamento de amostras são mais fáceis para materiais altamente viscosos e sólidos moles. Pode variar a taxa de cisalhamento (e o alongamento de cisalhamento) independentemente da taxa de rotação *ft* e *в* ou alterando o espaçamento *h*; permite uma gama mais ampla para uma determinada configuração experimental Determinar o deslizamento da parede através da medição de duas ranhuras Atrasar a falha da borda em taxas de cisalhamento mais altas, reduzindo a folga durante um teste (requer a alteração do ângulo do cone no cone e na placa) Medição *N2* quando utilizada com dados de impulso do cone e da placa Geometria preferida para fusões viscosas com funções materiais de pequena expansão

2.3.2.2 *Medição da viscosidade ao alongamento*

A medição da viscosidade de deformação é mais difícil do que a medição da viscosidade de cisalhamento. O principal problema é manter um fluxo de deformação uniaxial em função do tempo, de modo a que a taxa de tensão ou deformação atinja condições estacionárias, permitindo a medição da viscosidade de deformação estacionária (Burkinshaw 1997a). O comprimento da amostra deve ser aumentado exponencialmente para obter uma taxa de deformação constante (Barnes 1989).

A viscosidade de estiramento pode ser medida por métodos de estiramento homogéneo, aparelhos de tensão constante, aparelhos de fluxo de contração e métodos de fiação. Os dois primeiros métodos acima referidos são métodos directos de medição da viscosidade de alongamento.

Método do amido homogéneo

No método de estiramento homogéneo, a amostra é mantida entre um bloco fixo e um bloco móvel. A velocidade do bloco móvel aumenta exponencialmente com o tempo para obter uma taxa constante de alongamento na amostra. A deformação total da amostra é limitada com o método de estiramento tradicional. Meissner desenvolveu este método utilizando dois conjuntos de engrenagens em vez de uma carga final para obter um alongamento constante. A tensão é medida através da flexão de uma mola ligada a um par de rolos. Embora a taxa de alongamento possa, em princípio, ser alcançada, é necessário tempo suficiente para que a tensão atinja o seu estado estacionário (Barner 1989).

O principal problema com este método é o colapso do material fundido sob o seu próprio peso. O método está limitado a materiais altamente viscosos e a amostra deve ser extremamente homogénea, uma vez que o mais pequeno defeito ou ponto fraco na amostra pode causar retração e afetar significativamente os resultados do ensaio. Além disso, é difícil medir a tensão da amostra mantida entre as duas extremidades enquanto está sujeita a tensão de tração (Barnes 1989, Cogwell 1969).

Equipamento de carga constante

O dispositivo de tensão constante foi introduzido pela primeira vez por Cogswell (Cogwell 1969) e posteriormente desenvolvido por Munstedt (1975, 1979). Em comparação com os dispositivos de estiramento homogéneo, a amostra é esticada com uma tensão constante, ajustando a força aplicada enquanto a amostra está a ser esticada. Munstedt concebeu um dispositivo que pode ser utilizado com uma velocidade de estiramento constante e uma tensão constante. Os dispositivos de tensão constante requerem menos esforço total para atingir um fluxo de estiramento de velocidade constante do que os dispositivos de velocidade de estiramento constante. O método de tensão constante tem os mesmos problemas que o método de alongamento constante. Este método está limitado a materiais altamente viscosos e a amostra deve ser extremamente homogénea.

Correntes de contração

O método de estiramento homogéneo e o método de tensão constante são métodos directos de medição da viscosidade de alongamento, embora ambos tenham as suas limitações. Como já foi referido, os principais problemas do aparelho de Meissner (Munstedt 1975, Munstedt 1979) são o facto de a massa fundida colapsar sob o seu próprio peso e de serem necessárias amostras extremamente homogéneas. Os polímeros totalmente fundidos não podem ser medidos devido às limitações experimentais destes dois métodos. Cogswell (Cogswell 1972a, Cogswell 1972b) propôs um método indireto para medir a viscosidade alongada de polímeros fundidos utilizando fluxos convergentes para ultrapassar as dificuldades e limitações dos métodos de medição direta. Um fluxo de um reservatório para um bocal de pequeno diâmetro foi interpretado como uma deformação extensional sobreposta a um fluxo de cisalhamento simples. As componentes de cisalhamento e deformação foram tratadas separadamente e somadas para obter o fluxo total. As equações para a viscosidade alongada, viscosidade de cisalhamento estacionária e taxa de cisalhamento foram derivadas (Burkinshaw 1997a).

Binding (1988) desenvolveu uma análise aproximada do fluxo de contração assumindo que o campo de fluxo tem a menor resistência; tanto o cisalhamento como a deformação foram incluídos na formulação. A teoria prevê com sucesso a amplificação de vórtices e fornece estimativas da viscosidade extensional (Cogswell 1969, Munstedt 1979). Collier propôs que os polímeros fundidos pudessem ser caracterizados em termos de extensibilidade utilizando bocais hiperbólicos. Os resultados mostraram que os efeitos de formação de orientação da massa fundida são tão consideráveis que os gradientes de cisalhamento perto da parede se tornam comparativamente insignificantes (Cogswell 1972b). Esta descoberta foi justificada teoricamente pelo desenvolvimento de funções de fluxo que expressam a convergência hiperbólica do fluxo, bem como funções potenciais que descrevem perfis de pressão como uma força motriz. Os troncos de convergência hiperbólica foram explicados.

Um capilar foi o primeiro reómetro e continua a ser o método mais comum de medição da viscosidade. As características básicas do dispositivo são apresentadas na Figura 2.7. A pressão é aplicada utilizando a gravidade, gás comprimido ou um pistão.

Teste o líquido num tanque. Um tubo capilar de raio R e comprimento L é ligado ao fundo do tanque. A queda de pressão e o caudal através deste tubo são utilizados para determinar a viscosidade.

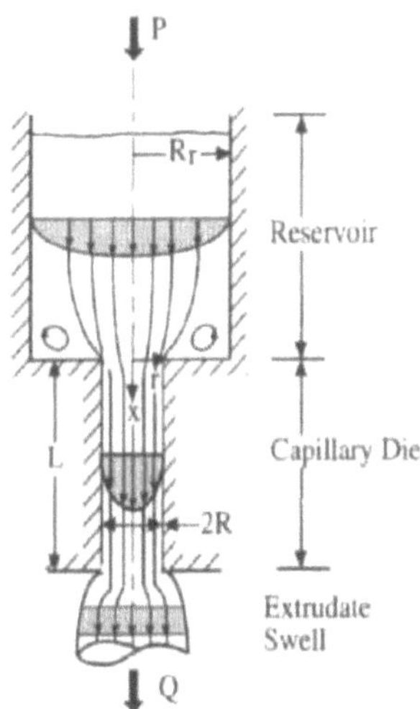

Figura 2.7 Representação esquemática de um reómetro capilar.

Os seguintes pressupostos importantes aplicam-se à derivação da relação de viscosidade:

i. Escoamento laminar isotérmico, contínuo e completamente desenvolvido

ii. Sem velocidade nas direcções *r* e *θ*

iii. $_x$Sem deslizamento nas paredes, *v* _ 0 para *R*

iv. O líquido é incompressível e a sua viscosidade é independente da pressão.

Com estas hipóteses, a equação do movimento na direção x em coordenadas cilíndricas reduz-se a

$$0 = \frac{-\partial p}{\partial t} + \frac{1}{r}\frac{\partial(r\tau_{rx})}{\partial r} \qquad (2.12)$$

A Tabela 2.4 contém as equações de trabalho para esta geometria.

Quadro 2.4 Equações de trabalho para reómetros capilares.

Wall shear stress

$$\tau_w = \frac{R}{2}\frac{P_c}{L}$$

Wall shear rate

$$\dot{\gamma}_{aw} = \frac{4Q}{\pi R^3}$$

$$\dot{\gamma}_w = \frac{1}{4}\dot{\gamma}_{aw}\left[3 + \frac{d\ln Q}{d\ \ln P_c}\right]$$

$$\dot{\gamma}_w = \frac{1}{4}\dot{\gamma}_{aw}\left[3 + \frac{1}{n}\right] \quad \text{(for power law model)}$$

Para a diferença de tensão normal do inchamento do extrudado (não rigoroso)

$\eta(\dot{\gamma}) = \eta_a(\dot{\gamma}_a) \pm 2\%$

for $(\dot{\gamma}) = 0.83(\dot{\gamma}_a)$

and $0.2 < \frac{d\ln Q}{d\ \ln P_c} < 1.3$

$(T_{11} - T_{22})^2 = 8\tau_w{}^2\,(B^6 - 1)$

Where $B = \frac{D_e}{2R} - 0.13$

Erro

$_c{}^5$Deslizamento da parede com dispersão concentrada Fratura da massa fundida a τ ~ 10 Pa Queda de pressão no recipiente Queda de pressão à entrada Aquecimento por viscosidade-Na> 1 Compressibilidade do material

Dependência da pressão da viscosidade Histórico de cisalhamento, degradação no reservatório

Quadro 2.4 (continuação)

Utilidade
O reómetro mais simples e mais preciso para viscosidade constante
Elevado y
Sistema selado: pressurizar, evitar a evaporação
Simulador de processos
Controlo de qualidade: índice de fluidez
Escoamento não homogéneo, apenas funções de corte contínuo
As correcções de entrada levam a um aumento da entrada de dados

2.3.3 Ensaios reológicos de polímeros

As medições de baixas taxas de cisalhamento são principalmente utilizadas para analisar problemas de fabrico. Enquanto os processos de fabrico, como a extrusão ou a moldagem por injeção, têm lugar a elevadas taxas de cisalhamento, as diferenças entre materiais são normalmente detectadas a baixas taxas de cisalhamento. Os problemas de fabrico ocorrem frequentemente a baixas taxas de cisalhamento, tais como um atraso na dilatação da matriz durante a extrusão ou um atraso devido a um relaxamento desigual durante a fase de arrefecimento das peças moldadas por injeção. Os polímeros fundidos apresentam um comportamento pronunciado de diluição por cisalhamento, ou seja, a viscosidade diminui à medida que a taxa de cisalhamento aumenta. As curvas de fluxo são importantes para determinar a energia necessária para o processo. As relações entre os testes reológicos são ilustradas na Figura 2.8.

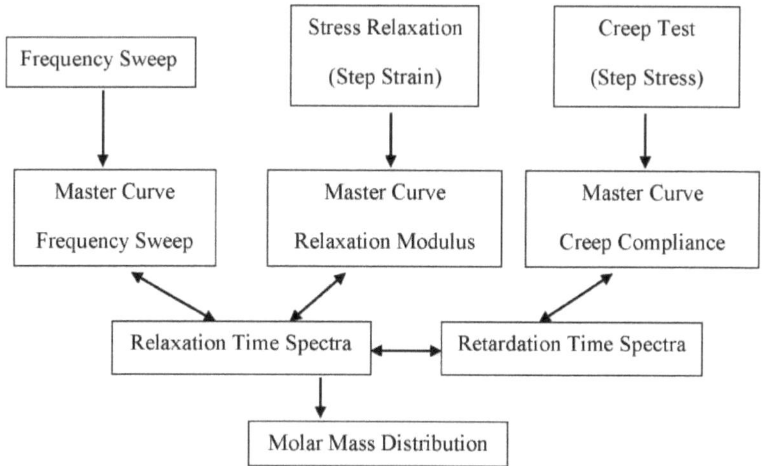

Figura 2.8 Métodos de conversão e análise para ensaios reológicos.

2.3.4 **Aplicações** (análise de polímeros com o reómetro MCR 2016)

Curvas de fluxo e viscosidade (como obter informações sobre a fluidez de um polímero)

As curvas de fluxo e viscosidade fornecem informações sobre a fluidez dos polímeros sob diferentes condições de cisalhamento e processos simulados. A viscosidade de cisalhamento zero a baixas taxas de cisalhamento é uma propriedade importante do material e é diretamente proporcional ao peso molecular médio Mw. Para determinar uma curva de viscosidade numa vasta gama de taxas de cisalhamento, pode ser calculada uma curva principal utilizando a sobreposição tempo-temperatura (TTS) combinada com o método de conversão da regra de Cox-Merz.

Varrimento de amplitude (para determinar a estabilidade da deformação e a tensão de fluxo de uma suspensão ou emulsão)

Os ensaios de rotação, frequentemente utilizados no passado, podem dar resultados muito diferentes quando se calcula a tensão de escoamento. A utilização de G' e G" de uma varredura de amplitude com um determinado alongamento (Direct Strain Oscillation, DSO), traçada contra a tensão de cisalhamento, fornece resultados mais fiáveis e praticamente relevantes para o valor da tensão de escoamento. As rotinas de análise automatizadas do software podem ser utilizadas para calcular parâmetros importantes para avaliar a estabilidade mecânica de um material.

Ensaio de tixotropia de intervalo (para medir a regeneração estrutural de um material após um curto período de cisalhamento elevado)

Quase todos os processos de revestimento consistem em 3 fases (1 - em repouso, 2 - decomposição estrutural, 3 - regeneração estrutural). O comportamento do material é descrito por G' e G" ao longo do tempo. Os efeitos dependentes do tempo, como o nivelamento e a flacidez, a nitidez dos pontos, a espessura da camada e a estabilidade da separação de emulsões e dispersões, podem ser diretamente correlacionados com a forma da curva.

Tipos de ensaios transitórios (ensaio de fluência, ensaio de relaxamento de tensão) (o que podemos aprender com a primeira diferença de tensão normal?)

As experiências de tensão escalonada (deformação e recuperação), deformação escalonada (relaxamento da tensão) e taxa de deformação escalonada (aumento da tensão/fluxo inicial) são normalmente realizadas para medir a resposta transitória de um material a uma determinada tensão de corte, deformação ou taxa constante. Além da viscosidade de cisalhamento, a medição da primeira diferença de tensão normal N1 e o coeficiente y fornecem informações valiosas sobre a amostra. Os reômetros MCR contêm um transdutor de força normal patenteado que permite que a primeira diferença de tensão normal N1 e o coeficiente y1 sejam avaliados em uma ampla faixa com praticamente nenhum desvio térmico.

2.3.5 Distribuição das massas molares

Recentemente, foram desenvolvidos modelos matemáticos que permitem a determinação das distribuições de massa molar através de medições reológicas. As relações com a distribuição da massa molar ou a ramificação do material podem ser identificadas no comportamento viscoelástico, influenciando tanto o processo de fabrico como as propriedades do produto final. A massa molar é o parâmetro estrutural mais importante que influencia o comportamento de fluxo dos polímeros.

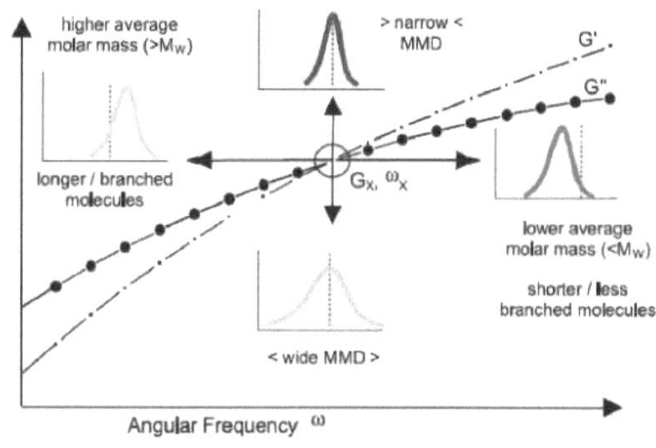

Figura 2.9 Estratégias de distribuição de massa para polímeros.

A curva de viscosidade torna-se mais plana à medida que a taxa de cisalhamento diminui e o polímero fundido apresenta um comportamento newtoniano com uma viscosidade constante. [st]Esta zona de baixo cisalhamento é denominada zona de relaxamento terminal ou planalto newtoniano 1 . A viscosidade constante nesta zona é denominada viscosidade de cisalhamento zero iy e é um parâmetro importante do material em função da temperatura. Para a maioria dos polímeros de engenharia, a viscosidade de cisalhamento zero é diretamente proporcional à massa molar média (análise de polímeros com o reómetro MCR 2016). Assim, a medição reológica indica claramente pequenas diferenças na massa molar. Se a massa molar média for constante, a energia necessária para o afinamento por cisalhamento no processo de fabrico pode ser correlacionada com a distribuição da massa molar. Mesmo a baixas taxas de cisalhamento, os polímeros com uma ampla distribuição de massa molar tendem a diluir-se mais do que os materiais mais estreitamente distribuídos com a mesma massa molar média. Uma distribuição de massa molar mais ampla facilita a extrusão e a moldagem (Polymer Analysis with MCR Rheometer 2016). Isso significa, por exemplo, que a qualidade da superfície das moldagens de plástico pode ser melhorada variando a largura da distribuição. A largura da distribuição de massa molar está correlacionada com o ponto de cruzamento entre o módulo de armazenamento G' e o módulo de perda G" em uma varredura de frequência.

2.3.6 Ligação

O número, o comprimento e a mobilidade das cadeias laterais influenciam as propriedades reológicas (Polymer Analysis with MCR Rheometer 2016). Se as cadeias laterais não forem muito longas, isso leva a um aumento da viscosidade a baixas taxas de cisalhamento e a um afinamento por cisalhamento mais pronunciado em comparação com o polímero linear correspondente (Polymer Analysis with MCR Rheometer 2016). Quando um polímero tem ramificações de cadeia longa, ele exibe baixa viscosidade a baixas taxas de cisalhamento. O grau de ramificação pode, portanto, ser usado para controlar o fabrico e as propriedades do produto.

2.3.7 Despesas

As cargas também influenciam o processo de fabrico e as propriedades do produto final. Os factores importantes são o tamanho, a forma e a concentração das cargas, bem como as interacções entre as partículas. As cargas conduzem geralmente a um aumento da viscosidade da fusão e a uma redução da dilatação do bocal (análise do polímero com o reómetro MCR 2016). Do ponto de vista reológico, um aumento no conteúdo de carga leva a uma redução na chamada faixa viscoelástica linear (LVE), que pode ser determinada em uma varredura de amplitude ou alongamento (Análise de polímeros com o reômetro MCR 2016).

CAPÍTULO 3

MÉTODOS, FERRAMENTAS E PROCEDIMENTOS

Os objectivos desta investigação incluíam: a) a preparação de soluções Lyocell a partir de diferentes pastas; b) o estudo das propriedades reológicas das soluções Lyocell preparadas. Para atingir estes objectivos, foram preparadas soluções de Lyocell a partir de diferentes pastas de madeira de folhosas e de resinosas branqueadas, disponíveis no mercado, com diferentes níveis de inchamento, peso molecular médio e teor de humidade.

3.1 PRODUÇÃO DE SOLUÇÕES DE LIOCEL

A produção de soluções de liocel pode ser dividida em três fases: a) trituração da polpa em pó fino; b) tratamento térmico do NMMO; e c) mistura do pó da polpa e do NMMO anidro numa cabeça de mistura Sigma para obter soluções de liocel (dope).

3.1.1 Produção de pó de celulose

[2]A pasta de papel está geralmente disponível em folhas com um peso de 935 g/m, de acordo com um método de ensaio normalizado ISO 356-1995. As folhas de pasta de papel foram partidas em pequenos pedaços, depois colocadas num triturador, seguido de um moinho para produzir o pó moído (< 4 mm de diâmetro). Foram secas durante 30 minutos à temperatura ambiente, depois colocadas em sacos de plástico e seladas com um vedante de vácuo.

As amostras de polpa foram analisadas quanto ao teor de humidade, peso molecular médio (cromatografia de permeação em gel) e inchamento.

Tabela 3.1 Propriedades da pasta de papel.

Pasta de papel	Madeira	Processo	Humidade do ar	Peso	Número	Polidispersão	Estudo do inchaço	
	Tipo		Teor (% em peso)	Peso molecular médio (g/mol)	Peso molecular médio (g/mol)		Aumento de peso em	% Ganho de volume

Pasta de papel 1	Madeira de lei	Sulfito	6.13	291392	46253	6	710.8	438.8
Pasta de papel 2	Madeira de lei	Sulfato (força)	6.48	275399	63612	4	797.7	477.5
Pasta de papel 3	Madeira macia	Sulfato (força)	7.68	302066	70846	4	652.7	313.2

3.1.2 Produção de soluções de liocel (dope)

A preparação das soluções Lyocell (VP-01, VP-02, VP-03, VP-04, VP-05, VP-07) pode ser dividida em duas etapas: a) preparação de uma suspensão de mono-hidrato de celulose NMMO; b) preparação da suspensão para a produção contínua de soluções Lyocell. Para a preparação de todas as soluções Lyocell, é utilizado mono-hidrato de NMMO concentrado a 76%.

A polpa em pó, NMMO-H2O, 0,18% (em peso de polpa) de galato de propilo e 0,06% (em peso de polpa) de hidroxilamina como antioxidantes ou estabilizadores foram misturados num misturador Sigma para produzir uma suspensão. Os parâmetros do processo para a preparação da suspensão foram definidos da seguinte forma:

i. temperatura de aquecimento: 80°C - 90°C
ii. Pressão: 1 atm
iii. Velocidade de mistura: 30-40 rpm
iv. Tempo de mistura: 20-30 minutos

A pasta preparada foi misturada até a solução ficar transparente com os seguintes parâmetros de processo. As soluções foram armazenadas em saquetas seladas por uma máquina de selagem a vácuo.

i. temperatura de aquecimento: 90°C - 110°C
ii. Pressão: 670 mmHg - 690 mmHg

iii. Velocidade de mistura: 40-50 rpm

iv. Temperatura de arrefecimento (para recolher água sob a forma de condensado): 2°C - 7C

Tabela 3.2 Composição das soluções de liocel.

	VP-01	VP-02	VP-03	VP-04	VP-05	VP-07
Pasta de papel	Pasta de papel-1	Polpa-2	Pasta de papel-1	Polpa-2	Pasta de papel 3	Pasta de papel 3
Celulose	13	13	11	11	13	11
(% em peso)						
NMMO	76	76	76	76	76	76
(% em peso)						
Água	11	11	13	13	11	13
(% em peso)						

3.2 CARACTERIZAÇÃO REOLÓGICA DAS SOLUÇÕES DE LIOCEL

Ao processar liocel, é importante ter em conta os efeitos sobre a viscosidade. Os factores mais importantes são a temperatura, a concentração, a distribuição do peso molecular e a taxa de cisalhamento.

Tal como os polímeros fundidos, as soluções Lyocell apresentam um comportamento viscoelástico dependente do tempo, que é uma combinação de elasticidade e viscosidade. O comportamento viscoelástico combinado pode ser estudado através da determinação do efeito de uma força oscilante na reação da solução de Lyocell. As viscosidades dinâmicas complexas de todas as soluções Lyocell foram caracterizadas utilizando um reómetro Anton Paar. Foi desenvolvido um método padrão e foram utilizadas placas paralelas (25 mm de diâmetro) para determinar a viscosidade complexa. Foi utilizado gás nitrogénio para criar um ambiente inerte num sistema fechado com um exaustor. As soluções de liocel foram colocadas entre placas paralelas em quantidade suficiente para formar uma película de 1 mm de espessura. Foi aplicada uma fina camada de óleo de silicone para evitar a absorção de humidade e a coagulação da amostra após o corte do excesso de amostra. ^{O}Foram efectuados ensaios dinâmicos de varrimento de frequência de 0,1 rad/s a 100 rad/s a 1% de alongamento para analisar o comportamento viscoelástico a diferentes temperaturas: 125°C, 115°C, 95°C, 75°C e 55 C.

CAPÍTULO 4

RESULTADOS E DISCUSSÃO

O estudo de dissolução foi efectuado para determinar as propriedades das partículas não dissolvidas em soluções de Lyocell. Foi efectuado um teste de varrimento de frequência a diferentes temperaturas para todas as soluções Lyocell para obter uma sobreposição temperatura-tempo (TTS) que fornece informações sobre as propriedades viscoelásticas das soluções em função do cisalhamento e do tempo.

A composição de todas as soluções de Lyocell foi determinada. As soluções de Lyocell foram fundidas num recipiente fechado numa estufa a 100°C. As soluções de Lyocell foram colocadas num recipiente selado. Para todas as soluções, foi preparada uma película fina numa quantidade conhecida, fazendo deslizar as soluções entre duas placas de vidro e regenerando a celulose logo que a película se formou. As soluções foram lavadas com água até ficarem isentas de NMMO ou até a película se tornar transparente ou branca. A película foi retirada da água e seca numa estufa a 100°C durante 3 horas. Em seguida, foi pesada para calcular a percentagem de celulose na amostra (ver quadro 3.2).

$$\%\, Cellulose = \frac{Weight\ of\ film\ after\ drying}{Initial\ weight\ of\ dope\ for\ analysis} \times 100$$

A composição do solvente NMMO-H2O foi medida com um refratómetro. Os monohidratos de NMMO têm um índice de refração de 1,46917. Todas as soluções Lyocell têm um índice de refração próximo de 1,47037, o que dá uma concentração de solvente de ~76%. O restante da composição foi determinado como para a água. A Tabela 3.2 contém informações pormenorizadas sobre a composição de todas as soluções Lyocell.

4.1 ESTUDO DE DISSOLUÇÃO DA SOLUÇÃO DE LIOCEL

Foi também efectuada uma análise de imagem para determinar o número de partículas não dissolvidas nas soluções de Lyocell, o que nos permitiu avaliar a qualidade da massa para as operações seguintes. As soluções de Lyocell foram fundidas num forno e foram colocadas películas finas em lâminas de classe. De seguida, foram tiradas imagens com um microscópio ótico com uma ampliação de 5x.

Tabela 4.1 Especificações das partículas não dissolvidas.

	VP-01	VP-02	VP-03	VP-04	VP-05	VP-07
Equivalente médio	12.7349	15.8431	23.3085	19.4639	14.9902	18.1303
Diâmetro (microns) Número médio de	9	7	2	39	10	3
Partículas por imagem Analisar						
Área por imagem	0.0533	0.0533	0.0533	0.0533	0.0533	0.0533
(mícron)^2						
Número total de	46	35	10	19	52	17
Partículas Número de partículas	86	66	19	37	98	32
por unidade de superfície						

4.2 VISCOSIDADE COMPLEXA DE SOLUÇÕES DE LIOCEL DE DIFERENTES POLPAS DE MADEIRA

As soluções Lyocell foram produzidas utilizando o mesmo protocolo para todas as polpas, tal como descrito no Capítulo 3. As soluções Lyocell foram preparadas a partir de diferentes pastas de dissolução comercial, madeira macia branqueada e madeira dura branqueada, produzidas por diferentes processos, tais como o processo de sulfito ou sulfato (Kraft). Todas as pastas têm pesos moleculares médios diferentes, como mostra a Tabela 3.1.

As viscosidades de cisalhamento zero (ZSV) foram determinadas por amostragem de frequência em diferentes temperaturas e, em seguida, ajustando os dados experimentais à curva mestre usando a superposição tempo-temperatura. Os valores de ZSV a 115 °C para as diferentes soluções Lyocell são mostrados na Tabela 4.2.

Os efeitos da concentração de celulose em soluções de liocel, das espécies de madeira e dos processos de polpação na viscosidade complexa e no módulo dinâmico a 115°C foram comparados. Os valores dos módulos de armazenamento ou perda e a frequência na transição para diferentes soluções são apresentados na Tabela 4.2.

Tabela 4.2 Dados cruzados para soluções Lyocell.

	Tipo de madeira	Processo de fabrico da pasta de papel	Concentração de celulose (% em peso)	ZSV a 115C (Pa-s)	Frequência de transição w (rad/s)	Módulo de elasticidade transversal G'= G" (Pa)
VP-01	Madeira de lei	Sulfito	13	881	23.4	2945
VP-02	Madeira de lei	Sulfato (força)	13	960	33.6	5201
VP-03	Madeira de lei	Sulfito	11	401	37.1	2266
VP-04	Madeira de lei	Sulfato (força)	11	434	54.8	4017
VP-05	Madeira macia	Sulfato (força)	13	2031	14.7	5584
VP-07	Madeira macia	Sulfato (força)	11	836	27.7	4167

O módulo de armazenamento (G') e o módulo de perda (G") de diferentes soluções de Lyocell foram analisados em função da concentração, das espécies e do processo de decomposição. O módulo de armazenamento fornece informações sobre a elasticidade do líquido ou a acumulação de energia durante a deformação, enquanto os módulos de perda fornecem informações sobre a viscosidade do líquido ou a energia que escapa durante o fluxo.

4.2.1 *Influência da concentração de pasta no módulo dinâmico*

Os módulos dinâmicos das soluções Lyocell de diferentes concentrações de todas as pastas (pasta 1, pasta 2 e pasta 3) são mostrados nas Figuras 4.1 a 4.3.

Os módulos dinâmicos aumentaram com a concentração para todas as espécies e todos os métodos de mineralização. Os valores do módulo dinâmico aumentam com as frequências das diferentes soluções. Isto deve-se ao facto de, a baixas frequências, as moléculas terem tempo suficiente para se desembaraçarem e ocorrer um relaxamento considerável, resultando num comportamento mais viscoso do que elástico (G" > G'). Quando a solução Lyocell é deformada a frequências elevadas, as cadeias emaranhadas não têm tempo suficiente para relaxar e os módulos aumentam, pelo que G' é superior a G".

Pode ver-se em todas as figuras que os pontos de intersecção das curvas G' e G" para todas as soluções Lyocell se deslocam com o aumento da concentração, de uma velocidade angular mais elevada e um módulo mais baixo para uma frequência angular mais baixa e um módulo mais elevado. Para uma taxa de alongamento inferior ao ponto de intersecção da taxa de alongamento, os valores de G' são inferiores aos valores de G", indicando a predominância da reação viscosa, enquanto que, inversamente, para uma taxa de alongamento superior ao ponto de intersecção da taxa de alongamento, a reação elástica domina para todas as soluções de liocel.

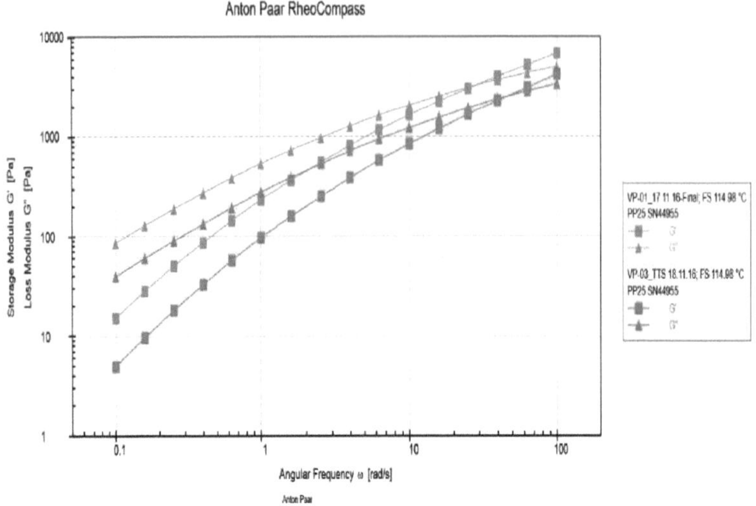

Figura 4.1 Módulos dinâmicos das soluções Lyocell obtidas a partir da polpa-1 (hardwood e processo sulfito).

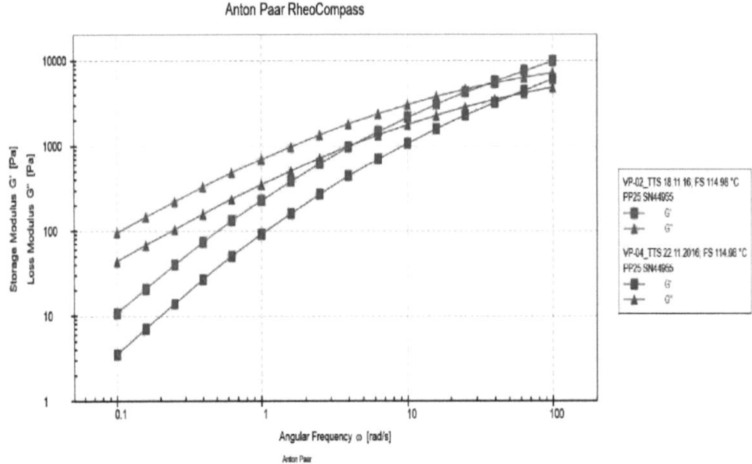

Figura 4.2 Módulos dinâmicos das soluções Lyocell preparadas a partir da polpa 2 (processo hardwood e processo sulfato (processo Kraft)).

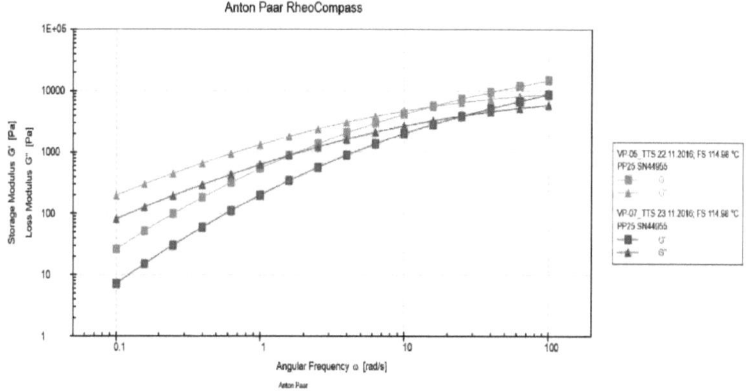

Figura 4.3 Módulos dinâmicos de soluções Lyocell preparadas a partir de polpa-3 (madeira macia e processo de sulfato (processo Kraft)).

A resposta viscoelástica das soluções Lyocell é uma combinação das contribuições do polímero e do solvente. Como os solventes são geralmente muito menos elásticos, uma concentração mais baixa e, portanto, um teor de solvente mais elevado, significa que a reação viscosa domina até alongamentos transversais mais elevados.

4.2.2 *Influência das espécies de madeira no módulo de elasticidade dinâmico*

As soluções de liocel preparadas a partir da pasta 2 e da pasta 3 com uma concentração de celulose de 13% (em peso) são respetivamente pastas de folhosas e pastas de resinosas com o mesmo processo de decomposição (processo de sulfato (Kraft)). Foram comparadas com o objetivo de analisar a influência do tipo de madeira nos módulos dinâmicos a 115°C (ver Figura 4.4).

O ponto de transição ou mudança de comportamento viscoso para elástico ocorre mais cedo (frequências mais elevadas) para a pasta de madeira dura (peso molecular mais baixo) do que para a pasta de madeira macia (peso molecular mais elevado). Isto está bem correlacionado com o facto de a frequência de transição ser inversamente proporcional ao peso molecular para a mesma concentração.

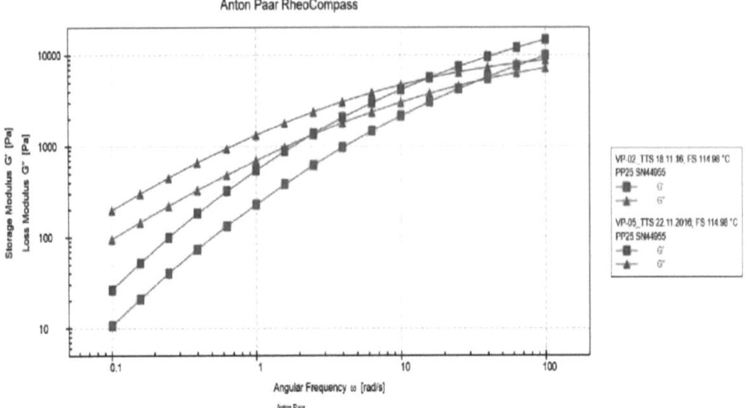

Figura 4.4 Módulos dinâmicos das soluções Lyocell (concentração de 13 wt% de celulose) preparadas a partir da pasta 2 e da pasta 3 (madeira dura e madeira macia, respetivamente).

4.2.3 *Influência do método de mineralização no módulo dinâmico*

A polpa 1 e a polpa 2, que são polpas de madeira dura submetidas a diferentes processos de decomposição, foram usadas para produzir soluções de liocel com uma concentração de celulose de 13% (em peso). Os dados sobre frequências angulares versus módulos dinâmicos são apresentados na Figura 4.5. As medições foram efectuadas a 115°C.

G" é sempre maior para a pasta ao sulfato em todas as frequências. No entanto, no caso do processo ao sulfito, G" é mais elevado a frequências mais baixas, enquanto que a pasta ao sulfato (Kraft) tem um G" mais elevado a frequências mais altas.

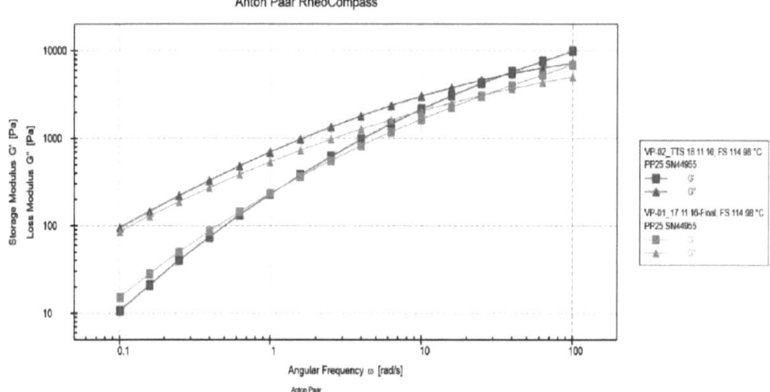

Figura 4.5 Módulos dinâmicos das soluções Lyocell (concentração de 13 wt% de celulose) preparadas a partir da pasta 1 e da pasta 2 (madeira de folhosas tratada com sulfito e sulfato, respetivamente).

O valor do módulo de crossover aumenta quando a frequência angular das soluções Lyocell de polpa de folhosas digerida com sulfito passa a ser a da polpa digerida com sulfato, que é praticamente a mesma. Isto pode dever-se à diferença de teor de "-celulose gerada pelos diferentes processos de fabrico da pasta.

4.2.4 *Influência da concentração da pasta na viscosidade complexa*

As viscosidades complexas foram medidas a 115°C para as soluções Lyocell. Todas as soluções de Lyocell mostraram um comportamento de diluição por cisalhamento. A viscosidade complexa diminuiu com o aumento da velocidade angular.

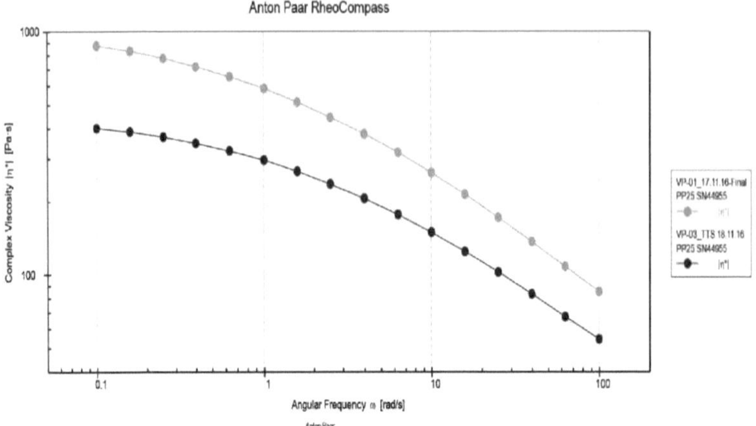

Figura 4.6 Viscosidade complexa de soluções Lyocell preparadas a partir de polpa-1 (hardwood e processo de sulfito).

As viscosidades complexas aumentaram com a concentração em todas as frequências, o que é consistente com o facto de a viscosidade de uma solução de polímero ser uma função da concentração, do peso molecular e da temperatura. A uma temperatura e peso molecular fixos, qualquer aumento na concentração deve levar a um aumento na viscosidade, uma vez que há mais material entre as placas de cisalhamento. A diferença na viscosidade diminui progressivamente das frequências angulares mais baixas para as mais altas.

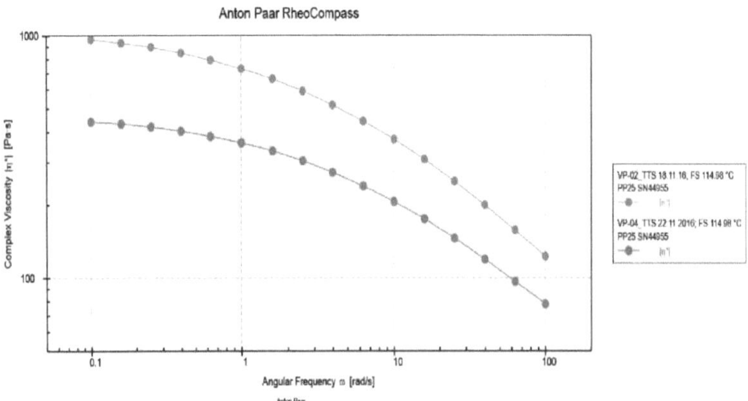

Figura 4.7 Viscosidade complexa de soluções Lyocell preparadas a partir de polpa 2 (hardwood e processo de sulfato (Kraft)).

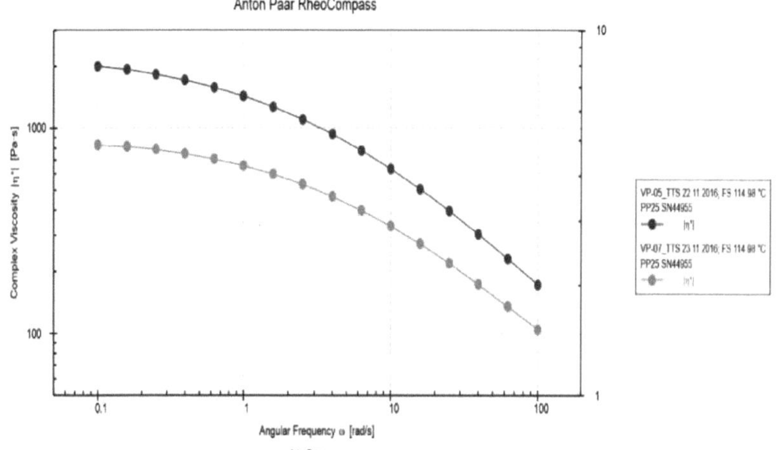

Figura 4.8 Viscosidade complexa de soluções Lyocell preparadas a partir de polpa-3 (madeira macia e processo de sulfato (processo Kraft)).

4.2.5 *Influência das espécies de madeira na viscosidade complexa*

Soluções de Lyocell (concentração de 13% de celulose) preparadas a partir da polpa 2 e da polpa 3 foram analisadas para investigar a influência do tipo de madeira na viscosidade complexa a 115°C. As propriedades das duas celuloses são apresentadas na Tabela 3.1. A celulose-3 (madeira macia) tem um peso molecular maior do que a celulose-2 (madeira dura), resultando na viscosidade complexa da celulose de madeira macia sendo maior do que a da celulose de madeira dura em todas as frequências.

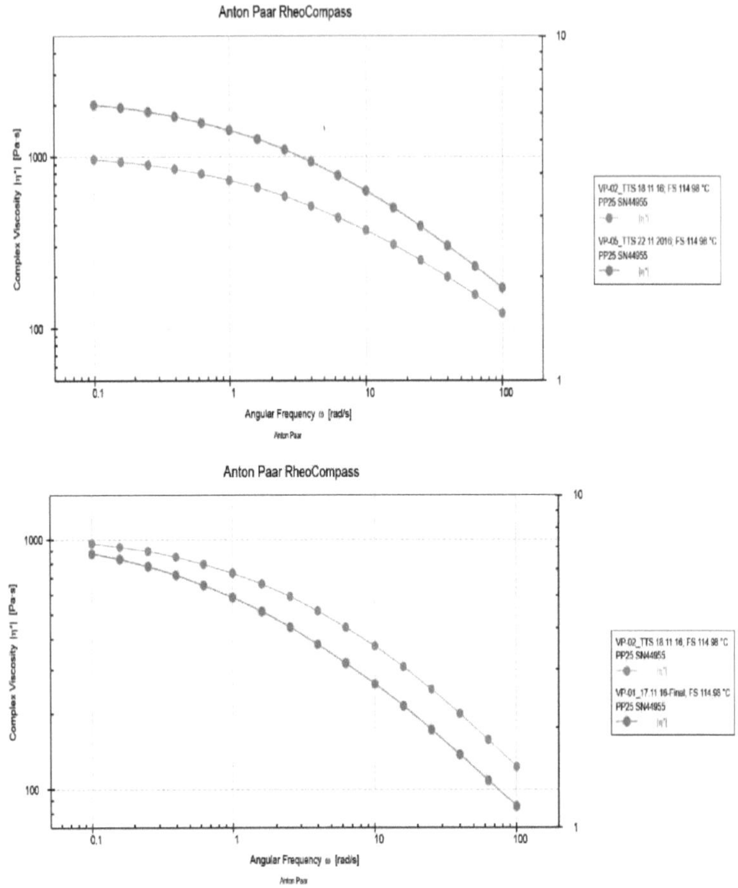

Figura 4.9 Viscosidade complexa de soluções Lyocell (concentração de 13 wt% de celulose) preparadas a partir de polpa 2 e polpa 3 (madeira dura e madeira macia, respetivamente).

4.2.6 *Influência do processo de mineralização na viscosidade*

As viscosidades complexas foram estudadas para soluções de liocel com uma concentração de celulose de 13% em peso, preparadas a partir da polpa 1 e da polpa 2. As viscosidades complexas em função das frequências a 115 T foram observadas como mostra a Figura 4.10. As viscosidades complexas foram calculadas em função das frequências a 115 T.

Figura 4.10 Viscosidade de soluções de liocel (concentração de celulose de 13% em peso) preparadas a partir da polpa 1 e da polpa 2 (madeira de folhosas com processos de polpação ao sulfito e ao sulfato, respetivamente).

As viscosidades complexas diminuíram progressivamente com o aumento das velocidades angulares no processo de sulfato, levando a uma pasta com maior viscosidade complexa em todas as frequências.

Capítulo 5

CONCLUSÕES E RECOMENDAÇÕES

5.1 CONCLUSÕES

Foram utilizados procedimentos normalizados para preparar soluções de Lyocell de diferentes concentrações a partir de diferentes polpas e para efetuar medições reológicas. O tempo de mistura das soluções de Lyocell dependia da concentração pretendida e do tipo de celulose utilizada.

As propriedades reológicas das soluções de liocel obtidas foram influenciadas pela concentração de celulose, pelas espécies de madeira e pelos processos de decomposição. Quanto maior a concentração, mais elástica é a solução de liocel. O tipo de madeira tem a maior influência na viscosidade complexa.

5.2 TRABALHO FUTURO

Os esforços futuros poderão centrar-se na determinação da viscosidade de alongamento e num estudo aprofundado da viscosidade complexa das soluções de liocel à base de pasta de madeira macia e de pasta combinada de madeira dura e de madeira macia. Podem ser efectuados testes de temperatura e de transientes para caraterizar melhor a reologia.

LISTA DE REFERÊNCIAS

Barnes, H. A., Hutton, J.F., Walters, K., *An introduction to rheology,* Elsevier Science Publishers, 1989.

Bayer et al, Cellulose, cellulases and cellulosomes. *Current Opinion In Structural Biology* 8[5], 548-557. 1998.

B.J.Collier, M. Dever, S. Petrovan, J.R.Collier, Z. Li, X. Wei, Rheology of lyocell solutions from different cellulose sources. *Journal of Polymers and the Environment* 8[3], 151-154.2000.

Buleon, A., Chanzy, H., Cellulose IV single crystals: Preparation and properties. *Journal of Polymer Science, Polymer Physics Edition* 18[6]. 1209-1217. 1980.

Burkinshaw, S.M., Gandhi, K., The wash-off of reactive dyes on fibrillation of lyocell fabric. *Livro de artigos da AATCC. AATCC,* 476-482. 1997a.

Cogwell, F.N., Rheology of molten polymers under tension (Reologia de polímeros fundidos sob tensão). *Plásticos e Polímeros* 36 [122]. 109-111. 1968.

Cogswell, F.N., Converging flow of polymer melts in extrusion dies. *PolymerEngineering and Science* 12[1], 64-73. 1972a.

Cogswell, F.N., Measuring the extensional rheology of polymer melts. *Transactions of the Society for Rheology* 16[3], 383-403. 1972b.

Dong Wook Chae, Byoung Chul Kim, Wha Seop Lee, Caracterização reológica de soluções de celulose em *N-metil* morfolina *N-óxido* mono-hidratado. *Journal of Applied Polymer Science* 86, 216-222.2002.

Franks, N. E., Vargs, J. K. Pat. 4145532 dos E.U.A., 1979.

Franks, N. E., Vargs, J. K. Pat. 4196282 dos E.U.A., 1980.

Frank Wendler et al, Deteção de reacções autocatalíticas em soluções de celulose/NMMO por métodos térmicos e espectroscópicos. *Relatório Lenzinger* 84. 92-102. 2005.

Happey, F., *Applied fibre science,* Nova Iorque, Academic Press. 1979.

Hermans, P.H., *Physics and chemistry of cellulose fibre,* Países Baixos, editora Elsevier. 1949

Kerber, R et al. Ullmanns Encyklopadie der technischem Chemie Bd. 1. VCH, Weinheim 1972.

Laszkiewicz, B., Produção de fibras de celulose sem utilização de sulfureto de carbono. *ACGM LODART, AS. Lodz, Polónia.* 1997.

Liu, R. et al. Uma análise da formação de fibras de liocel como um processo de fiação por fusão. *Cellulose* 8[1], 13-21. 2001.

Ludwik szczesniak, Adam Rachoki, Jadwiga Tritt-Goc, Temperatura de transição vítrea e decomposição térmica do pó de celulose. *Cellulose* 15[3], 445-451.2008.

Morrosian, F.A., *Understanding Rheology,* Oxford University Press. 2001.

Munstedt, H., Viscoelasticity of polystyrene melts in tensile creep experiments. *Rheologica Ata* 14[12], 1077-1088. 1975.

Munstedt, H., Novo reómetro extensional universal para fusão de polímeros. Medições numa amostra de poliestireno. *Journal of Rheology (Nova Iorque, NY, EUA)* 23[4], 421-436. 1979.

Nevell, T. P., Zeronian, S. H., *Cellulose and derivatives: chemistry, biochemistry and applications*, Nova Iorque, Ellis Horwood Ltd. 1985a.

Polymer analysis with MCR rheometers (Disponível em: http://www.anton-paar.com/?eID=documentsDownload&document=2718&L=0, acedido em: 25.11.2016)

Potthast A., Rosenau, T. Kosma, P., Chen, C.L., Gratzl, J.S.: *Journal of Organic Chemistry* 54. 101-103. 2000.

Roche, M., Chanzy, H., Estudo de microscopia eletrónica da transformação de celulose I em celulose IV em Valonia. *International Review of Biological Macromolecules* 3[3], 201-206. 1981.

Rosenau, Y., Potthast, A., Sixta, H., Kosma, P. :*Prog. Polym. Sci.* 26. 1763-1837. 2001.

Rosemau, T. et al. Diagrama de fases do sistema ternário NMMO-água-celulose. *Prog. Sci.* 26. 1763. 2001

Rosenau, T., Pottast A., Sixta, H., Kosma, P., *Tetrahedron* 58. 3073-3078. 2002.

Rosenau, T. Potthast A., Kosma, P., Chen, C.L., Gratzl, J.S.: *Journal of Organic Chemistry* 60, 301-306. 2003.

Taeger, E., Michels, C., Nechwatal, A.: Documento 12. 784-788. 1991.\

Wada, M. et al, Dados estruturais melhorados da celulose III preparada em amoníaco supercrítico. *Macromolecules* 34[5]. 1237-1243. 2001.

Wedler, G.: Lehrbuch der physikalischen Chemie (Manual de Físico-Química). VCH, Weinheim 1997.

Woodings, C.R., *Regenerated Cellulose Fibers,* woodhead publishing Ltd, Cambridge, Inglaterra. 2001.

Young, R.A., Rowell, R.M., *Cellulose structure, modification and hydrolysis,* Nova Iorque, John Wiley & Sons. 1986.

Printed by Books on Demand GmbH, Norderstedt / Germany